上海市工程建设规范

村庄整治工程建设标准

Engineering construction standard for village renovation

DG/TJ 08—2377—2021
J 16108—2022

主编单位：上海市建设用地和土地整理事务中心
批准部门：上海市住房和城乡建设管理委员会
施行日期：2022 年 3 月 1 日

同济大学出版社

2022　上海

图书在版编目(CIP)数据

村庄整治工程建设标准/上海市建设用地和土地整理事务中心主编. —上海：同济大学出版社，2022.10

ISBN 978-7-5765-0378-4

Ⅰ. ①村… Ⅱ. ①上… Ⅲ. ①乡村规划-标准-上海 Ⅳ. ①TU982.295.1-65

中国版本图书馆 CIP 数据核字(2022)第 168536 号

村庄整治工程建设标准

上海市建设用地和土地整理事务中心 **主编**

责任编辑 朱 勇
责任校对 徐春莲
封面设计 陈益平

出版发行 同济大学出版社 www.tongjipress.com.cn
(地址:上海市四平路 1239 号 邮编：200092 电话:021-65985622)
经 销 全国各地新华书店
印 刷 浦江求真印务有限公司
开 本 889mm×1194mm 1/32
印 张 2.375
字 数 64 000
版 次 2022 年 10 月第 1 版
印 次 2022 年 10 月第 1 次印刷
书 号 ISBN 978-7-5765-0378-4
定 价 20.00 元

上海市住房和城乡建设管理委员会文件

沪建标定〔2021〕629号

上海市住房和城乡建设管理委员会
关于批准《村庄整治工程建设标准》为上海市
工程建设规范的通知

各有关单位：

由上海市建设用地和土地整理事务中心主编的《村庄整治工程建设标准》，经我委审核，现批准为上海市工程建设规范，统一编号为DG/TJ 08—2377—2021，自2022年3月1日起实施。

本标准由上海市住房和城乡建设管理委员会负责管理，上海市建设用地和土地整理事务中心负责解释。

上海市住房和城乡建设管理委员会

二〇二一年十月九日

前言

根据上海市住房和城乡建设管理委员会《关于印发〈2017年上海市工程建设规范编制计划〉的通知》（沪建标定〔2016〕1076号）要求，标准编制组在充分总结以往经验，结合新的发展形势和要求，参考有关国家、行业及本市相关标准规范和文献资料，并在广泛征求意见的基础上，编制了本标准。

本标准的主要内容有：总则、术语、房屋建筑、道路交通、市政设施、坑塘河道、公共环境和文化保护。

各单位及相关人员在执行本标准过程中，请注意总结经验，积累资料，并将有关意见和建议反馈至上海市规划和自然资源局（地址：上海市北京西路99号；邮编：200003；E-mail：guihuaziyuanfagui@126.com），上海市建设用地和土地整理事务中心（地址：上海市北京西路95号13楼；邮编：200003；E-mail：307444412@qq.com），上海市建筑建材业市场管理总站（地址：上海市小木桥路683号；邮编：200032；E-mail：shgcbz@163.com），以供今后修订时参考。

主编单位：上海市建设用地和土地整理事务中心

参编单位：上海广境规划设计有限公司
华东建筑设计研究院有限公司
上海营邑城市规划设计股份有限公司
上海市城市规划设计研究院

主要起草人：侯斌超　张洪武　陆　衍　张思露　孙彦伟
景丹丹　田　峰　苏　斌　刘　静　崔浩然
章　竞　黄劲松　蔡伟娜　瞿　燕　范昕杰
张　彬　周晓娟　张　维　闫玉玉　张　红

王洁华　丁　芸　夏　菁　朱晓丹　周　伟
刘骏伟　全先厚　韦龙雨

主要审查人:卓刚峰　安　宇　曹永康　陈　丰　马　佳
胡艾敏　何许晓阳

上海市建筑建材业市场管理总站

目　次

Contents

1 总 则

1.0.1 为规范村庄整治工作，改善农村人居环境，提高设施服务水平和生态景观品质，保护历史文化和乡土风貌，建设生态宜居乡村，加快实现乡村振兴战略，特制定本标准。

1.0.2 本标准适用于本市范围内开展的村庄整治工程，包括房屋建筑、道路交通、市政设施、坑塘河道、公共环境、文化保护等，工程分类详见本标准附录 A。

1.0.3 村庄整治工程应与规划协调衔接、以人为本、尊重自然。整治宜分期分类实施，优先改造最急需、最基本的设施和相关项目。

1.0.4 村庄整治工程建设的设施应安全耐用、经济美观、方便管理、利于养护，宜优先利用存量更新、综合设置。

1.0.5 村庄整治工程除应符合本标准外，尚应符合国家、行业和本市现行有关标准的规定。

2 术 语

2.0.1 村庄整治工程体系 engineering system of village renovation

村庄内为改善生活、生产、生态条件和提升人居环境的整治工程系统，包括房屋建筑、道路交通、市政设施、坑塘河道、公共环境和文化保护。

2.0.2 乡土材料 local material

具有乡土地域特色的建筑材料，主要为竹、木、石材等，石材具体为石板面、卵石、弹石、石砌块、青砖或细砂等。

2.0.3 利废建材 waste reutilized building material

在满足安全和使用性能的前提下，使用废弃物等作为原材料生产出的建筑材料。

2.0.4 房屋建筑 architecture

村庄内房屋建筑一般指民居建筑及公共建筑，包含建筑、附属场地等共同组成的布局、房屋构造及使用功能。

2.0.5 防火分隔 firebreak

阻止火灾大面积延烧的隔离空间。

2.0.6 消防水源 fire-fighting water source

向灭火设施、消防水泵、消防水池等提供消防用水的给水设施或天然水源。

3 房屋建筑

3.1 一般规定

3.1.1 建筑设计应与村庄整体风貌、村民生活习惯相协调，宜延续地域特色。

3.1.2 建筑设计应注重被动式节能技术应用，围护结构应适应气候环境，可推广绿色环保建筑材料的运用。

3.1.3 建筑主要功能房间或重要房间宜布置在有良好日照、采光、通风和景观的部位。

3.1.4 建筑场地整治应以清理乱搭乱建，拆除建筑外围和庭院内部搭建的违章建筑为主。建筑整治应符合本标准第 8 章的规定，陈旧、破损、严重影响村庄风貌的建筑可全面整改或者拆除。危险房屋应由具有相应资质的技术单位按照现行行业标准《危险房屋鉴定标准》JGJ 125 提出加固设计方案，按规定程序进行修缮加固。

3.2 布局风貌

3.2.1 院落空间应符合下列规定：

1 院与宅的布局宜衍生出天井、侧院，建筑与建筑之间宜有晒场、菜地、花园花圃、竹林、临水空间等。

2 公私区域宜采用通透式围墙、围篱或立体绿化分隔，庭院新建围墙的形式、体量、色彩及高度应与当地建筑风貌相协调。公共建筑场地不宜设置封闭式围墙。文物保护单位、历史建筑、传统民居的已有围墙应按原状保护。

3 庭院入户绿化宜重点处理，可布置色叶树、开花植物、果树等特型植物。

4 庭院硬化处理应增强透水性，并采用有组织排水。公共建筑场地内宜合理布置下凹式绿地、雨水花园、透水铺装等设施。

5 建筑朝向宜控制在南偏东 30°与南偏西 15°之间。

3.2.2 屋顶立面应符合下列规定：

1 屋顶宜使用坡屋顶；宜采用瓦屋面，平改坡时宜采用轻钢等轻质结构材料。屋顶应增加保温隔热及防水措施。

2 建筑宜采用硬山、悬山形式，可融合观音兜、马头墙等传统建筑元素。

3 空调室外机应考虑统一的安放位置，主要立面的空调室外机应采用百叶或格栅进行掩蔽，百叶与格栅的设计风格应与建筑立面相协调。

4 窗扇形式与窗户样式宜具备地域特色，与建筑整体风貌协调。

5 所有新建、改建、扩建的建筑不应采用大面积玻璃幕墙或金属幕墙。

6 公共建筑鼓励设置屋顶绿化、垂直绿化。

3.2.3 色彩材质应符合下列规定：

1 建筑色彩应与周边环境相协调，宜采用黑白灰水墨基调，建筑单体主要色彩不宜超过 3 种。

2 建筑表面材料的质感及色彩应与村庄内具有传统风貌特色的建筑相协调。

3 建筑砖石作、木作、瓦作宜保留材料本色质感。

3.3 空间构造

3.3.1 空间与构件应符合下列规定：

1 民居建筑设计宜区分设置层高。卧室等静区房间，空间层高不宜超过 3.0 m；起居、厨房等需要频繁与外界交流的动区房间，空间层高不宜超过 3.9 m。

2 民居建筑进深超过 10.0 m，宜增加通风廊道、天井等通风设计措施，并将门窗南北对位设置。

3 建筑坡屋顶下宜设置楼板、预留通风窗口。

4 建筑宜设置通风井、遮阳构件等利于节能的元素。

3.3.2 围护结构热工性能应符合下列规定：

1 民居建筑围护结构热工性能应符合现行国家标准《农村居住建筑节能设计标准》GB/T 50824 的有关规定。

2 公共建筑围护结构热工性能应符合现行上海市工程建设规范《公共建筑节能设计标准》DGJ 08—107 的有关规定。

3 民居建筑外墙宜采用自保温及复合保温做法。建筑地面应铺设防潮层，建筑地面架空层楼板宜做保温处理。

3.3.3 材料利用应符合下列规定：

1 村庄建筑材料采用的水泥、混凝土、墙体材料、保温材料等，宜选用利废建材。

2 村庄新建公共建筑应实施土建工程与装修工程一体化设计和施工。

3 村庄公共建筑宜合理采用木结构、钢结构、预制装配式结构等建筑结构技术。

4 村庄公共建筑内部功能空间隔墙宜采用可拆卸隔墙系统等灵活隔断方式。

3.4 功能配套

3.4.1 村庄公共服务设施可包括村委会办公室、医疗室、老年活动室、综合文化站、室外健身点、室内健身点、便民服务点、日间照料服务中心、综合服务用房、为农综合服务站等。

3.4.2 村庄公共服务设施配置应根据村民实际需求确定设施配置的类型与规模。

3.4.3 村庄公共服务设施应布局在交通条件较好、方便到达的区域，设施的形态与外观应与周边环境相协调，宜利用闲置建筑改建或在闲置用地插建小型公共服务设施。

3.4.4 村委会办公室主要承担综合服务职能，包括社保、优抚、救助等社会保障服务，党群服务站、就业、计生、公安、环卫等功能，每个行政村应设置1处，总建筑面积200 m^2～400 m^2。

3.4.5 医疗室每个行政村应设置至少1处，建筑面积宜为50 m^2～200 m^2，服务半径宜为500 m，可根据居民点分布情况多点设置。医疗室应位于建筑一层，医疗室外宜设置醒目标牌。

3.4.6 老年活动室每个行政村应设置不少于1处，建筑面积宜为50 m^2～100 m^2，可根据居民点分布情况多点设置。老年活动室应位于建筑一层，室外宜布置硬地活动广场或绿化活动场地；活动室应确保日照、采光、通风良好，出入口、相邻通道设计应采用无障碍设计。

3.4.7 综合文化站每个行政村应设置不少于1处，建筑面积宜为150 m^2～200 m^2，宜布置在建筑三层及以下位置。建筑应有良好的采光，可适当提升规模与功能类型，其中影视放映、音乐教室等活动室应采用隔音设计；可采用无障碍设计。宜提供青少年学习和活动所需功能。

3.4.8 室外健身点每个行政村应设置不少于1处，宜靠近居民点分布设置，总用地面积宜为200 m^2～300 m^2。室外健身点应设置室外健身器材，可设置篮球场地、乒乓球场地；场地宜采用硬质地面或塑胶地面。宜设置适合青少年、老年人活动特点的器械与场地。

3.4.9 室内健身点宜结合其他公共服务设施设置，建筑面积宜为50 m^2～100 m^2，宜位于建筑三层及以下位置。应确保日照、采光、通风良好。

3.4.10 便民服务点每个行政村应设置不少于1处，建筑面积宜为50 m^2，提供村民日用百货零售、收发快递等服务。

3.4.11 日间照料服务中心可结合实际需求设置，建筑面积宜为 200 m^2～500 m^2，宜位于建筑一层。应保证环境的安全、整洁、卫生，注意地面防滑，座椅、餐具等应符合老年人使用习惯；出入口不应临近有易燃易爆物品的场所或篮球场等人员剧烈活动的场所。

3.4.12 综合服务用房用于举办集体活动，建筑面积不宜超过 1 000 m^2，单层建筑面积不宜小于 500 m^2。

3.4.13 为农综合服务站应能提供农技推广、农业信息、农资供应、就业培训等服务，用地面积不宜超过 250 m^2，宜设置在交通便利、居民点与农业生产区域之间的位置，服务站设置应加强安全性考虑。

3.4.14 农村生产设施宜结合村庄实际生产需求设置生产设施、附属设施与配套设施，应按照设施农用地管理办法备案实施。

4 道路交通

4.1 一般规定

4.1.1 道路交通整治工程应利用现有条件和资源，提升道路交通功能，建立等级合理、结构清晰、布局明确的道路网络体系。

4.1.2 道路交通整治工程应保障行人与非机动车路权，维护安全。

4.1.3 道路交通整治工程应按照规划、设计、施工、竣工验收和养护管理阶段分步进行。

4.1.4 具有历史文化价值的传统街巷、特色道路桥梁应予以保留、维护、修缮。

4.1.5 村庄道路红线范围内严禁堆放杂物、垃圾等，并应拆除各类违章建筑。

4.2 道路工程

4.2.1 整治应合理保留原有路网形态和结构，必要时应打通断头路，保证有效联系。

4.2.2 道路路面宽度及铺装形式应满足不同功能要求，村庄道路总宽度不宜超过 8.0 m，路肩宽度宜采用 0.25 m～0.75 m。道路横断面设计可按本标准附录 B 的典型横断面设计。道路分类与铺装应符合下列要求：

1 村主路路面宽度不宜小于 5.5 m。路面铺装应因地制宜，宜采用沥青路面、水泥混凝土路面等形式。

2 村支路路面宽度不宜小于 3.5 m。路面宽度小于 5.0 m

时，宜设置错车道。路面铺装宜采用沥青路面、水泥混凝土路面、块石路面等形式。

3 宅间道路路面宽度不宜大于 5.0 m。路面铺装宜采用水泥混凝土路面、石材路面、预制混凝土方砖路面、无机结合料稳定路面及其他适合的地方材料。鼓励路面铺装可根据本地乡土特色选择卵石、青砖、弹石、石板面和细砂等材料。

4 慢行道根据需求合理设计线型，宽度不宜大于 3.0 m。林间与农田交界处可选用栈道形式连接；村庄内部慢行道应与建筑特点、周边环境充分结合。铺装材料宜选用石板、卵石、青砖以及木质材料等。慢行道与其他道路交叉时，应处理好慢行流线组织。

4.2.3 道路设计应符合下列规定：

1 道路设计工程的横断面、平面、纵断面及道路交叉、路基工程、路面工程等基本规定，应符合现行国家标准《乡村道路工程技术规范》GB/T 51224 和现行上海市工程建设规范《村庄道路建设技术规范》DG/TJ 08—2218 的有关规定。

2 道路设计工程应尊重自然环境，注重维护生态，减少对自然生态系统的影响。

4.3 桥　梁

4.3.1 村庄桥梁设计应符合现行上海市工程建设规范《村庄道路建设技术规范》DG/TJ 08—2218 的有关规定。

4.3.2 过境公路桥梁穿越村庄时，应充分考虑过境交通出行特点，设置机动车与非机动车隔离措施，宜采用地面划线、隔离护栏等形式。

4.3.3 条件受限而搭设的行人便桥，应保障行人安全并与村庄环境协调设置。

4.4 交通设施

4.4.1 沿村主路、村支路应设置交通照明设施，设施应考虑功能有效、美化环境、节约能源等方面，尽量减少对动植物的影响。

4.4.2 村庄应按实际需求设置公共停车位。宜优先使用零散分布的空地，或结合公共服务设施、设施农用地综合设置。公共停车位应按照不低于总停车位15%的比例建设充电设施，其余车位宜预留充电设施建设安装条件。

4.4.3 村内设置公交站台时，候车区的宽度应不小于1.5 m。

4.4.4 村庄应在必要处设置预警标志。道路、桥梁、交叉口处的交通标志、标线的形状、规格、图案及颜色应符合现行国家标准《道路交通标志和标线》GB 5768 的有关规定。

4.4.5 在主要交叉口、学校等人流量较多路段应设置人行横道线，并应根据需求设置必要的指示标志、减速带或减速标志。

4.4.6 交通安全设施应符合下列规定：

1 村庄道路视线不良路段、急弯路段，宜设置线形诱导标、反光镜等交通安全设施。

2 当道路一侧有地平突降或有河流时，应设置车挡或缆柱；需保障步行安全的区域应设置车挡。村庄的车挡、缆柱，应符合现行上海市工程建设规范《村庄道路建设技术规范》DG/TJ 08—2218 的有关规定；应与整体环境相适应，宜利用废弃的柱础、石梁等旧物件，不宜使用不锈钢材质，可与景观照明设施相结合。

3 村庄应增加桥梁通行车辆的限载标志，确保村庄桥涵、通道等构造物荷载安全。

5 市政设施

5.1 一般规定

5.1.1 市政设施建设应在本市及所在区域的市政系统规划布局框架内确定。应结合村庄布局，有效衔接村庄与外围市政供应和排放系统。

5.1.2 市政设施建设应以需求为导向，分析建设条件，核定村庄配套需求和建设方式。应体现低影响开发理念，落实节地节能、节约用水要求。

5.1.3 市政设施建设标准和规模应以村庄规模、村民生活方式、村庄布局形式等为基础确定。

5.1.4 近远期建设计划应根据相关规划、现状条件、配套急迫性、环境敏感度、村民意愿等综合确定。

5.1.5 村庄市政管线宜沿道路敷设，并与道路工程同步建设。电力和通信架空线应进行整治，宜同杆架空设置。给水、燃气、污水等管道应根据外部荷载、管材强度、冰冻情况等因素确定埋地敷设管线的覆土。应根据道路断面、排管需求、地质地势等制定村庄市政管线综合布置方案。

5.2 给 水

5.2.1 本市村庄必须纳入城镇集约化供水系统。

5.2.2 村庄供水水质应符合现行上海市地方标准《生活饮用水水质标准》DB31/T 1091 的有关规定；供水水压应符合现行国家标准《室外给水设计标准》GB 50013 的有关规定。

5.2.3 输配水管网建设应按现行行业标准《镇(乡)村给水工程技术规程》CJJ 123 的有关规定执行。人口规模超过 500 人的村庄，宜增加水质检验和监测措施。

5.2.4 管材选择应从工程规模、管径、工作压力、工程地质、地形、外荷载状况、施工条件、建设工期和节约投资等方面进行综合分析比较后确定。

5.2.5 应保障村庄供水安全，宜逐步改造危旧的给水管道。

5.3 污 水

5.3.1 排水体制应采用雨、污分流制。

5.3.2 农村生活污水应实现全收集、全处理。

5.3.3 当处理规模小于 300 m^3/d 时，出水排入地表Ⅲ类环境功能及以上水域的处理设施水污染物排放应执行一级 A 标准；出水排入其他水域的处理设施水污染物排放应执行一级 B 标准。处理规模不小于 300 m^3/d 的处理设施水污染物排放应执行一级 A 标准。

5.3.4 距离市政排水管网 2 km 以内的村庄，生活污水宜就近接入市政污水收集管网，纳入城镇污水收集处理系统。人口规模超过 500 人、集聚程度较高、经济条件较好的村庄，宜优先敷设污水管网收集生活污水并采用相对集中的方式处理后达标排放。人口规模小于 500 人、居住较为分散、地形地貌复杂的村庄，可采用单户或联户型生活污水处理设施处理后达标排放。

5.3.5 污水处理工艺应满足出水水质稳定达标要求，且运行维护便利。

5.3.6 生活污水处理设施出水排放口设置应充分考虑受纳水体的环境容量。处理后出水需要资源化利用时，水质应达到相应的回用标准。

5.3.7 农村污水处理设施宜远程监控。

5.3.8 污水处理设施的场界标示应明确清晰，宜采用隔离措施。

5.3.9 污水管道建设应符合现行行业标准《镇（乡）村排水工程技术规程》CJJ 124 的有关规定。

5.4 雨 水

5.4.1 雨水排水应采用缓冲自流排水模式，就近排入河道。

5.4.2 村庄雨水排放可采用地面及植被渗透排放，或管道收集后就近排入河道，也可利用农田沟渠排放。

5.4.3 雨水排水管道埋设应符合现行行业标准《镇（乡）村排水工程技术规程》CJJ 124 的有关规定。

5.4.4 村庄内的雨水排水系统可与河网水系结合，鼓励因地制宜收集利用屋面雨水。

5.5 电 力

5.5.1 村庄电力工程应与现有配电网衔接。

5.5.2 电源及变、配电设施的位置及规模应根据村庄规模和用电需求合理确定，并选用适宜的电网网架结构。

5.5.3 村庄变电站（所）站址宜靠近负荷中心，便于变电站进出线的布置、设备的运输及运行维护，宜利用闲置土地，不占或少占耕地，不宜设置在河道边或高速公路旁。村庄变电站（所）应符合现行国家标准《20 kV 及以下变电所设计规范》GB 50053 的有关规定。

5.6 通 信

5.6.1 村庄信息基础设施的设置应以智慧乡村建设发展需求为导向，满足村民日常应用与村庄管理的需要。

5.6.2 各类信息基础设施宜集约共建、实现共享。宜采用全光网覆盖方式，光纤到各信息点。

5.6.3 通信机房设置应满足多路由网络接入的要求，并预留发展空间。

5.6.4 移动通信基站信号应覆盖村庄。

5.6.5 光缆交接箱应结合实际情况选择设置在室内或室外。设置于专用信息通信机房内时，宜采用落地 ODF 架；设置于普通建筑物室内时，宜采用壁挂式；设置于室外时，宜采用室外落地式，应设置在覆盖区域的中心部位或地下信息管道交汇处，应能适应室外环境，具有防尘、防水、防结露、防冲击及防盗功能。

5.6.6 通信管线网应与城镇通信管线网相连接，连接处不宜少于 2 个，并应符合不少于 3 家通信运营商共用的需求。布线系统的设计应按共建共享要求，实现电缆、光纤、无线、有线并用。通信光缆宜采用交接配线方式。光缆网的拓扑结构应采用树形结构。

5.6.7 光缆交接箱、配线箱、金属管路等应有接地措施。采用共用接地体时，接地电阻应不大于 1 Ω；采用单独接地时，其他设施接地电阻应不大于 10 Ω。

5.7 燃　气

5.7.1 村庄气源的选择应遵循国家及本市的能源政策。

5.7.2 村庄供气工程的设计、施工、验收应符合国家现行标准《城镇燃气技术规范》GB 50494、《城镇燃气设计规范》GB 50028、《城镇燃气输配工程施工及验收规范》CJJ 33 和《城镇燃气室内工程施工与质量验收规范》CJJ 94 的有关规定。

5.7.3 村庄有管道气源或城镇管网可依托时，宜采用管道供气方式。距气源管道、城镇输配管网较远，或无管道气可依托的村庄，可采用点供的供应方式。

5.7.4 管道供应方式宜综合考虑建设和运营成本、用气安全、村民意愿等因素。

5.7.5 依据区域供气能力进行燃气配套建设，应先建设气源点，再建设主干管和村庄之间的连接管。

5.7.6 村庄供气调压站或气化站的站址选择，应符合公共安全、环境保护和防火安全的要求，应选在交通便利、地势开阔、通风良好的区域，不得建在地势低洼处，宜选在用气负荷中心。

5.7.7 村庄供气设施宜配备自动控制和远程通信技术，实现远程监测、报警和紧急切断等功能。

5.7.8 应结合区域配套应急抢修服务标准，统筹合理配置急抢修站点和营业服务站点。

5.7.9 村庄供气管网系统应满足村庄所属地区的用气量、气质、用气压力和安全供气要求，并根据地形、道路、规划布局和技术经济等因素确定。

5.8 环 卫

5.8.1 村庄生活垃圾应全面实现清运容器化、转运密闭化和处理无害化。应配备或委托专业保洁队伍负责村庄道路、公共活动场所及水域保洁作业。

5.8.2 生活垃圾收运和处理设施应统一规划建设，宜推行村庄收集、乡镇集中运输、定点集中处理的方式，实现全过程垃圾分类。

5.8.3 干湿垃圾分类收集容器应以家庭、自然村为单位设置。自然村应设置有害垃圾、可回收物的分类收集容器。

5.8.4 垃圾收集点应符合现行行业标准《环境卫生设施设置标准》CJJ 27 的有关规定，应定点设置于村庄范围内，宜设置在村口或垃圾收集车易于作业的区域，服务半径不宜超过 200 m。

5.8.5 粪便应实现无害化处理。化粪池建筑结构应符合现行国家标准《农村户厕卫生规范》GB 19379 的有关规定，应保证处理后的排放符合现行国家标准《粪便无害化卫生要求》GB 7959 的有关规定。

5.8.6 村庄内的公共厕所不应低于每千人一座，服务半径宜为 500 m～1 000 m。公共场所宜设置无害化公共厕所。

5.9 消 防

5.9.1 村庄防火布局、消防设施及危险源控制措施应符合现行国家标准《农村防火规范》GB 50039、《建筑设计防火规范》GB 50016 的有关规定。

5.9.2 应结合村庄火灾危险程度、村庄规模、建筑性质、经济发展状况等，采取相应的消防安全措施，配备必要的消防力量和消防器材装备，健全消防通信联网，做到安全可靠、经济合理、有利生产、方便生活。

5.9.3 耐火等级低、相互毗连、消防通道狭窄不畅、消防水源不足的村庄，应采取改善用火和用电条件、提高耐火性能、设置防火分隔、开辟消防通道、增设消防水源等措施。

5.9.4 村庄应设置消防水源。消防水源可由给水管网、天然水源或消防水池供给。利用天然水源或消防水池作为消防水源时，应配置消防泵或手抬机动泵等消防供水设备。

5.9.5 消防设备的配置应符合村庄特点，宜提高便携式灭火器普及率。结合消防通道、市政给水管网的建设，可适当增加消防栓、取水点。

5.9.6 村庄公共活动场所应布置在消防车辆可通行的地段。消防通道宽度不应小于 4.0 m，转弯半径不应小于 8.0 m。消防通道应保持畅通，严禁设置隔离桩、栏杆等障碍设施或柴草、土石等障碍物。

5.10 防灾与避难

5.10.1 村庄整治涉及防灾与避难工程时，应符合现行国家标准《建筑抗震设计规范》GB 50011、《防灾避难场所设计规范》GB 51143 的有关规定。

5.10.2 村庄灾害环境应以地震、洪水、台风、火灾等灾害防御为主线，综合考虑重点区域的火灾、建筑物毁坏、洪水、恐怖袭击和重大危险源防御，应兼顾村庄防灾安全要求和村民疏散避难需求。

5.10.3 村庄防洪除涝整治应符合现行国家标准《防洪标准》GB 50201 的有关规定。沿江、河、湖泊的村庄防洪标准不应低于其所处江河流域的防洪标准。

5.10.4 根据历史降水资料，易形成内涝的洼地、水网圩区等地区应完善除涝排水系统。应确保规划河湖水面率和坑塘水体调蓄容量，应实施与圩区达标相关的水利泵闸工程。

6 坑塘河道

6.1 一般规定

6.1.1 坑塘河道应满足村庄生产、生活、水利灌溉和防灾的基本使用功能，符合现行国家标准《村庄整治技术标准》GB/T 50445 的有关规定。

6.1.2 坑塘河道整治宜结合村庄整治统一实施，整治可包括清理水体、疏通水系、绿化水岸等，整治过程中应处理好与防讯、灌溉等相关设施的关系。

6.1.3 新开河平面形态应根据规划蓝线进行布置；现有河道宜维护自然形态，具有历史、文化等特殊意义或传统风貌特色的坑塘河道，应予以保留保护。不得随意填堵坑塘河道，确需对现状河道或坑塘水体进行填堵的应按行政管理部门的规定进行专题论证及办理相关手续。

6.2 水环境治理

6.2.1 面源污染和点源污染应从源头控制，应采取截污治污、雨污分流等整治措施。

6.2.2 农村生活污水必须经处理达标后排入河道，具体要求应符合本标准第 5.3.3 条的污水处理标准。

6.2.3 通过测土施肥和灌溉控制等措施，严格控制农田水污染，防止农业污染扩散。

6.2.4 村庄内坑塘河道等地表水水质应按照本市水功能区划确定的水质标准进行整治。

6.2.5 水质不达标或超过本身自净能力的水体，应优先采取生态净化措施，必要时也可采用曝气富氧、生态浮床等原位净化技术改善水质。

6.3 水系沟通

6.3.1 村庄内河道疏浚或开挖时应确保两岸建筑物和边坡的安全。

6.3.2 河底高程应符合水系规划要求，有规划断面的河道应按规划控制河底高程，无规划断面的河道河底高程宜控制在 0.0 m～1.0 m(吴淞高程)。

6.3.3 水质较差、对周边环境影响较大的断头河，应根据实际情况新开河道或通过管涵与周边水系沟通。

6.3.4 对阻隔水体、影响水质的阻水坝基、束水河段，应拆坝建桥(涵)、拓宽河道。

6.3.5 底泥和余水应妥善处理处置，避免造成二次污染。

6.4 岸坡护岸

6.4.1 在满足河道行洪和水土保持的前提下，应结合村庄风貌优先采用水土保持功能良好的植物护坡及透水性好的多孔材料构建的生态护岸。岸坡护岸宜采用复合形式，有条件地区可建设亲水平台、休闲景观步道等设施。

6.4.2 植物护坡可分为植树护坡和种草护坡。植树护坡宜采用带状或行间混交的方式，树种应选择持水能力强、根系发达、固土能力强，且有较强渗滤吸污防污能力的植物；种草护坡工程应符合现行上海市地方标准《土地整治工程建设规范》DB31/T 1056 的有关规定。

6.4.3 生态护岸宜结合植物生态修复工程进行建设。生态护岸工程应符合现行上海市地方标准《土地整治工程建设规范》

DB31/T 1056 的有关规定。

6.4.4 无放坡条件或冲刷较严重的河段，可在水位变动区采用抗冲刷的透水性材料设置生态护岸。

6.5 防汛通道

6.5.1 防汛通道应满足防汛抢险、维修养护及日常管理的物资运输和人员交通的需要。

6.5.2 按规划整治的河道，两岸新建防汛通道的宽度应不小于 6.0 m。

6.5.3 应保证防汛通道的贯通，严禁设置阻水障碍物。在确保防汛安全的前提下，防汛通道可兼具景观空间、乡村道路等复合功能。

6.6 配套工程

6.6.1 穿河构筑物的顶部距河底的埋置深度不应小于 1.0 m，河底高程应取规划和现状的低值。穿河管线工作井的布置不应影响堤防的安全，并应满足河道整治及维护管理的需要，距离规划河口线不应小于 10.0 m。建设穿河构筑物的，应在河道管理范围内的相应位置设置永久性的识别标志。

6.6.2 跨河桥梁应符合本标准第 4.3 节的规定。

6.6.3 沿河构筑物应符合下列规定：

1 水边步道宜设置在河道两侧的绿化空间内，宜采用防腐木或砖石砌块等体现乡土特色的材料，应与河岸线型呼应，自然流畅并避免过度铺装。

2 亲水平台应优先采用具有防腐功能的生态材料，且与周边环境协调融合。亲水平台高程应高出河道常水位或景观控制水位 30 cm 以上，且外缘不宜超越河道规划河口线。

7 公共环境

7.1 一般规定

7.1.1 村庄绿化应生态优先，以人为本，兼顾经济和景观效果；宜适度彩化，与当地乡村风貌、人文景观相协调。

7.1.2 村庄绿化应优先选择乡土树种，突出地域特色，体现乡村自然田园景观。

7.1.3 村庄绿化宜采用多样化的绿化形式，节约用地；绿化形式宜采用生态自然式，不应采用规则图案式。

7.1.4 应保护村庄内留存的古树、名木等，禁止深挖深埋；宜通过加设护栏、树牌、砌石等进行隔离保护，可配植灌草花及坐具，塑造乡村特色景观。

7.2 村庄绿化

7.2.1 村庄绿化可分为村旁绿化、宅旁绿化、路旁绿化、水旁绿化、场院绿化五类。

7.2.2 村庄绿化应以乔木为绿化骨架，不宜采用大于 100 m^2 的大面积草坪绿化。

7.2.3 村旁绿化宜布局在主要道路交叉口、村委会等公共设施周边区域，并应符合下列规定：

1 可设置 1 块面积 200 m^2 以上的休闲绿地。

2 植物配置宜采用乔灌草型。

3 隔离围墙宜采用灌木绿篱形式。

4 栏杆或廊架宜种植具有观赏价值的攀援植物，实施垂直绿化。

7.2.4 宅旁绿化树种不宜采用针叶乔木；屋前宜种植观果型乔灌木和竹子；屋后、山墙旁边宜种植中大型乔木和竹子。

7.2.5 路旁绿化应符合下列规定：

1 道路线性绿化覆盖率应达 90% 以上。

2 行道树株行距宜为 4.0 m～6.0 m，有条件的道路在行道树之间宜种植乡土花灌木，绿带的宽度宜小于 1.0 m。

3 村支路、宅间道路和慢行道的绿化可采用灌草结合方式。

4 在道路弯道内侧栽植行道树不得影响行车的安全视线。

7.2.6 水旁绿化应符合下列规定：

1 绿化植物应形成平面整体的连续性，常水位以上裸露地表的植物覆盖率应达到 98%以上。

2 宜形成乔灌草向水面自然铺展的绿化形式。

3 宜在宽度大于 6.0 m 的河道驳岸上种植乔灌木，宜双排种植。

4 坑塘水面周边可种植竹子。

7.2.7 场院绿化的覆盖率应达 50% 以上。墙面、屋顶、围栏宜采用立体绿化。

7.3 公共活动场所

7.3.1 公共活动场所宜结合公共建筑设置。

7.3.2 公共活动场所构筑物应符合下列规定：

1 村庄内不应新建尺度夸张的牌坊等构筑物。

2 长廊、健身设施、亭台等构筑物宜采用乡土材料。

3 标识系统宜风格一致，材料宜为乡土材料。村务公开栏应放置在公共建筑旁，应满足近观需要。位置标识应简洁清晰，导向标识的指示应明确无歧义。

4 坐具宜采用易于清洁、方便维护的材料，摆放于遮荫处。

5 花坛树池宜体现文化元素，优先使用乡土材料；宜布置在公共活动场所或道路旁，可与坐具结合布置。

6 景观灯具应体现乡村元素，宜选用太阳能灯具。

7.4 街 巷

7.4.1 传统街巷不宜盲目拓宽，宜维持原有空间尺度，

7.4.2 街巷中宜设置节点空间。

7.4.3 街巷铺地材料宜采用乡土材料，减少混凝土材料的使用。

8 文化保护

8.1 一般规定

8.1.1 村庄历史文化保护对象应包括国家级历史文化名村、传统村落，村域内各级文物保护单位、文物保护点、历史风貌区、其他优秀历史建筑、古树名木和古树后续资源，以及具有一定历史与文化价值的建筑、构筑物、树木、非物质文化载体等。

8.1.2 根据历史文化保护对象的类型，保护工作可包括下列步骤：

1 历史文化资源普查，建立档案。

2 分析评价历史文化保护的对象，及其特色与价值。

3 明确保护内容与保护要求，划定保护控制范围，制定相应的保护措施。

8.1.3 下列历史文化保护对象应按照现行相关法律法规要求，编制专项规划，严格进行历史文化保护：

1 国家级历史文化名村、传统村落。

2 国家级、省（直辖市）级、区级文物保护单位。

3 本市有关法规认定的历史风貌区。

4 其他法律、法规要求编制专项规划的历史文化保护要素。

8.1.4 村域内文物保护单位、文物保护点、优秀历史建筑、古树名木、非物质文化遗产的保护要求应按照国家及本市有关规定执行，其他具有历史文化价值的要素应在规划或村庄整治中明确保护内容及措施。

8.1.5 村域内的历史文化要素保护应制定专项整治方案，符合相关规定和专项规划的要求，并经相关行政主管部门论证通过后方可实施。

8.1.6 村庄特色传承工作应符合下列规定：

1 确定村域内特色要素，应包括空间格局、建筑肌理、传统街巷、公共空间、建筑风貌、特色农业生产等能体现特定风貌，具有景观或人文价值的元素。

2 确定整治的对象及措施。在村庄整治中对村庄特色宜保护再利用，宜形成具有本土特色与可识别性的文化符号。

8.2 保护措施

8.2.1 村庄整治前应对村域内的具有历史文化价值和特色风貌的资源进行分析评价，确定历史文化保护和村庄特色传承的对象内容。对已明确的各级文物保护单位、文物保护点、优秀历史建筑、古树名木等法律法规规定的保护对象及保护要求予以纳入。

8.2.2 对村域内的历史文化风貌区应划定核心保护区、建设控制地带。核心保护区应以保护现有历史文化要素、传承特色风貌为主，核心保护区内的建设行为不应对历史文化保护对象本体产生危害，宜确保整体风貌协调；建设控制地带应处理好与核心保护区的风貌、交通、基础设施衔接，应避免对整体风貌的不利影响。

8.2.3 文物保护单位应划定保护范围，修缮、迁移必须由具有相关工程资质的单位承担，严禁改变文物原状。

8.2.4 除按相关法律、法规应保护的对象外，村域内有价值的历史建筑的修缮，不宜改变原状，尽量采用原有或同类型材料，并注意修复后的日常维护。严禁随意拆除历史建筑或大规模加建、外部改造，不得以加固等名义在历史建筑外部建设大面积风貌不协调的维护结构。对传统民居的修缮应在维护其原有主体结构外部风貌不变的前提下，进行维护加固，并在空间尺度、形态、风格等方面与原建筑相协调；新增加的通风等设施应在外部采用传统材料进行装饰或遮蔽。

8.2.5 村域内具有一定历史、文化价值的构筑物，应在保护原有结构及原有风貌特征的前提下开展修复。宜围绕构筑物形成风貌景观节点。

8.2.6 村域内具有一定历史、独特价值的树木，宜合理保护，不宜砍伐或开展对其造成破坏的建设活动。

8.2.7 村域内的公共空间、基础设施、环境小品等宜与历史文化保护对象的风貌相协调，宜强化村庄文化特色与辨识度。村庄建设用地选址宜避让具有传统文化景观价值的空间，宜维持传统空间格局的景观廊道。

8.3 传承利用

8.3.1 村庄整治中的特色传承，应对村落的选址特征、空间布局、建造手法、生产生活习俗、风貌元素进行分析解读，宜根据传承现状和展示需要，提供传承和展示空间。

8.3.2 应鼓励非物质文化遗产相关的创作、表演等活动，宜改造利用传统建筑作为展示场地。

附录A　村庄整治工程分类

表A　村庄整治工程分类

一级项目		二级项目		三级项目	
编号	名称	编号	名称	编号	名称
1	房屋建筑	11	布局风貌	111	院落空间
				112	屋顶立面
				113	色彩材质
		12	空间构造	121	空间构件
				122	围护结构
				123	材料利用
		13	功能配套	131	公共服务设施
				132	生产设施
2	道路交通	21	道路工程	211	路网形态与结构
				212	道路分类与铺装
				213	道路设计
		22	桥梁	221	一般桥梁
				222	公路桥梁
				223	人行桥
		23	交通设施	231	照明设施
				232	停车设施
				233	公交设施
				234	标志标线
				235	交通安全设施

续表A

一级项目		二级项目		三级项目	
3	市政设施	31	给水	311	供水管网
				312	调节构筑物
		32	排水	321	污水处理设施
				322	污水管网
				323	雨水管网
		33	电力	331	变、配电站(所)
				332	配电网
		34	通信	341	通信机房
				342	通信管网
		35	燃气	351	调压站
				352	气化站
				353	燃气管网
		36	环卫	361	垃圾收集点
				362	分类收集箱
				363	公共厕所
		37	消防	371	消防水源
				372	消防设备
				373	消防通道
		38	防灾与避难	—	—
4	坑塘河道	41	水环境治理	411	水污染控制
				412	水质净化
				413	水体保持
		42	水系沟通	421	—

续表A

<table>
<tr><th colspan="2">一级项目</th><th colspan="2">二级项目</th><th colspan="2">三级项目</th></tr>
<tr><td rowspan="6">4</td><td rowspan="6">坑塘河道</td><td rowspan="2">43</td><td rowspan="2">岸坡护岸</td><td>431</td><td>植物护坡</td></tr>
<tr><td>432</td><td>生态护岸</td></tr>
<tr><td>44</td><td>防汛通道</td><td>441</td><td>—</td></tr>
<tr><td rowspan="3">45</td><td rowspan="3">配套工程</td><td>451</td><td>穿河构筑物</td></tr>
<tr><td>452</td><td>跨河构筑物</td></tr>
<tr><td>453</td><td>沿河构筑物</td></tr>
<tr><td rowspan="8">5</td><td rowspan="8">公共环境</td><td rowspan="5">51</td><td rowspan="5">村庄绿化</td><td>511</td><td>村旁绿化</td></tr>
<tr><td>512</td><td>宅旁绿化</td></tr>
<tr><td>513</td><td>路旁绿化</td></tr>
<tr><td>514</td><td>水旁绿化</td></tr>
<tr><td>515</td><td>场院绿化</td></tr>
<tr><td rowspan="2">52</td><td rowspan="2">公共活动场所</td><td>521</td><td>布局</td></tr>
<tr><td>522</td><td>构筑物</td></tr>
<tr><td>53</td><td>街巷</td><td>—</td><td>—</td></tr>
<tr><td rowspan="2">6</td><td rowspan="2">文化保护</td><td>61</td><td>保护措施</td><td>—</td><td>—</td></tr>
<tr><td>62</td><td>传承利用</td><td>—</td><td>—</td></tr>
</table>

附录 B　道路典型横断面

B.0.1　村主路典型横断面如下：

1　图 B.0.1-1(a)为路基宽度 8.0 m 无非机动车道的干路横断面，路面宽度 7.0 m，双车道，两侧各设 0.5 m 的路肩宽度。

2　图 B.0.1-1(b)为路基宽度 8.0 m 设非机动车道的干路横断面，路面宽度 5.0 m，单车道行驶并加一侧车辆临时停放的宽度：包括 3.0 m 车行道宽度和 2.0 m 单侧停车带宽度。两侧各设 1.5 m 的非机动车道。

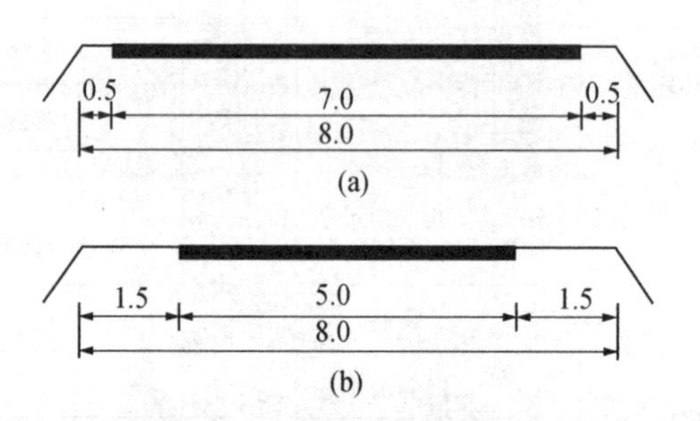

图 B.0.1-1　村主路典型横断面(单位：m)

B.0.2　村支路典型横断面如下：

1　图 B.0.2-1(a)为路基宽度 4.0 m 的支路横断面。单车道，路面宽度 3.5 m，两侧各设 0.25 m 的路肩宽度。

2　图 B.0.2-1(b)为路基宽度 4.5 m 的支路横断面。单车道，路面宽度 3.5 m，两侧各设 0.5 m 的路肩宽度。

3　图 B.0.2-1(c)为路基宽度 6.0 m 的支路横断面。路面宽度 5.0 m，单车道行驶并加一侧车辆临时停放的宽度，包括 3.0 m 车行道宽度和 2.0 m 单车停车带宽度。两侧各设 0.5 m 的路肩宽度。

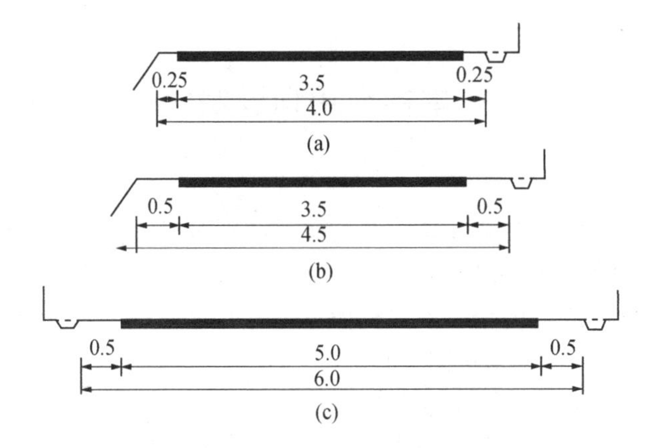

图 B.0.2-1　村支路典型横断面(单位:m)

本标准用词说明

1　为便于在执行本标准条文时区别对待，对要求严格程度不同的用词说明如下：

1）表示很严格，非这样做不可的用词：

正面词采用“必须”；

反面词采用“严禁”。

2）表示严格，在正常情况下均应这样做的用词：

正面词采用“应”；

反面词采用“不应”或“不得”。

3）表示允许稍有选择，在条件许可时首先应这样做的用词：

正面词采用“宜”；

反面词采用“不宜”。

4）表示有选择，在一定条件下可以这样做的用词，采用“可”。

2　条文中指明应按其他有关标准执行时的写法为“应符合……的规定”或“应按……执行”。

引用标准名录

1 《农村户厕卫生规范》GB 19379
2 《建筑抗震设计规范》GB 50011
3 《室外给水设计标准》GB 50013
4 《建筑设计防火规范》GB 50016
5 《城镇燃气设计规范》GB 50028
6 《农村防火规范》GB 50039
7 《20 kV 及以下变电所设计规范》GB 50053
8 《防洪标准》GB 50201
9 《村庄整治技术标准》GB/T 50445
10 《城镇燃气技术规范》GB 50494
11 《农村居住建筑节能设计标准》GB/T 50824
12 《防灾避难场所设计规范》GB 51143
13 《乡村道路工程技术规范》GB/T 51224
14 《道路交通标志和标线》GB 5768
15 《粪便无害化卫生要求》GB 7959
16 《环境卫生设施设置标准》CJJ 27
17 《城镇燃气输配工程施工及验收规范》CJJ 33
18 《城镇燃气室内工程施工与质量验收规范》CJJ 94
19 《镇(乡)村给水工程技术规程》CJJ 123
20 《镇(乡)村排水工程技术规程》CJJ 124
21 《危险房屋鉴定标准》JGJ 125
22 《土地整治工程建设规范》DB31/T 1056
23 《生活饮用水水质标准》DB31/T 1091
24 《公共建筑节能设计标准》DGJ 08—107
25 《村庄道路建设技术规范》DG/TJ 08—2218

上海市工程建设规范

村庄整治工程建设标准

DG/TJ 08—2377—2021
J 16108—2022

条 文 说 明

2022 上海

目　次

Contents

1 总 则

1.0.2 本条明确了本标准的适用范围。

本标准适用于本市范围内的村庄(即城镇开发边界外的郊野地区)所进行的整治工程规划与建设。村庄整治一般以行政村为基本单元,结合村庄规划设计或土地综合整治项目实施。

1.0.3 本条明确了村庄整治应遵循的基本要求。

村庄整治应科学合理确定目标和建设内容,应遵循城乡规划内容要求,切实保障公众权益,考虑经济社会发展规律,从现有条件和实际问题出发,兼顾长远与近期,可按照一般村、示范村分类分级有序实施。

一般村保障村民基本生活需求,包括近期无计划实施的撤并村、全部保留村。工程重点对饮用水安全保障、生活垃圾、乱堆乱放、污水排放、坑塘河道等环境卫生问题进行整治,实现道路安全便捷。

示范村应高标准整治,由区、镇申报,符合市委、市政府工作要求,由市相关部门遴选评定的保留保护村,符合本标准的整治项目内容和参数设定。示范村分步实现全面的村庄整治工程,高标准推进建设。在满足一般村要求基础上,各村可依据本标准,结合自身需求、经济条件增加整治工程项目,提升生活、生态、生产水平,如整治工业污染源、农业废弃物,着力提升污水处理能力、公共设施配套,实现绿化美化、建筑风貌特色化。

1.0.4 本条明确了村庄整治工程建设的设施要求。

存量更新指充分利用已有条件及设施,坚持以现有设施的整治、改造、维护为主,严禁盲目拆建。综合设置指鼓励功能兼容的设施集中建设,提高土地利用效率和水平。

3 房屋建筑

3.1 一般规定

3.1.1 本条明确了村庄建筑风貌的整体要求。

村庄建筑应体现传统地域文化特色，融合江南水乡文脉，保护江南水乡村庄肌理，传承本市传统民居的风格形式，利用元素融合提炼和建筑表达，营造传统民居和江南园林的空间意象，创新与传承传统民居的建筑技艺，适应新时代发展要求，追求并满足村民日常生活的各项实际需求。

本市陆域以古海岸线"冈身线"(外冈—南翔—马桥—柘林—漕泾)和长江分界，形成特征鲜明的西部湖沼平原、东部滨海平原和崇明沙岛平原3种截然不同的地貌类型，由于水系形态和生产生活方式的差异性而形成不同特征的乡村聚落格局。

冈身线以西地区(主要包括嘉定、青浦、松江、金山等区)成陆时间较久，呈现出沿密集水网分布的高密度聚落特征，属典型的江南水乡地貌，宜采用当地传统民居建筑特征，形成典型江南民居风格的宅院特点。

冈身线以东地区(主要包括宝山、浦东、奉贤等区)伴随着先民的生产与生活，水塘散布、河渠纵横、水网密度不高，乡村聚落沿水塘集中分布，呈现一定江南水乡民居风格沿海岸线聚落的特征与海派建筑元素。

崇明生态岛平原即为崇明、长兴、横沙三岛地区，作为长江河口冲积岛，地势平坦，全岛水渠农田形态平直，乡村聚落沿水渠分布，地貌呈现典型江海交汇处的生态湿地景观及开阔平坦的万亩良田景观，呈现特色海岛民居风格。

村庄建筑应根据整体规划目标要求，结合地域特色，对其建筑风格进行定位，确立指导原则，对外观、色彩、细部、功能进行整体设计，制定整治方案。

3.1.4 本条明确了建筑整治的有关要求。

危险房屋指根据现行行业标准《危险房屋鉴定标准》JGJ 125 的有关规定，经本市专业机构鉴定危险等级属 C 级或 D 级，不能保证居住和使用安全的住房。村庄内局部危险房屋（C 级）、整体危险房屋（D 级）需明确相应的处理措施，包括修缮加固、拆除重建和危房拆除后宅基地空闲利用。

3.2 布局风貌

3.2.1 本条明确了院落空间整治要求。

1 庭院的环境整治包括周边自有环境的综合整治，通过庭院环境美化，使庭院景致与周边自然环境协调一致。

2 有条件的可形成乔、灌、草的植物层次，避免公共区域对私家庭院的干扰。

3 庭院绿化宜加植有色叶树、开花植物或者果树等，例如枇杷、李子、梨子、桃子、橘子、柚子、樱花、银杏、红枫、桂花、石榴、红叶李等。

4 庭院的铺装材料在满足功能的前提下，注意透水性，结合当地特有的材料和经济适用的材料，如石材、卵石等，减少混凝土材料的使用。参照现行上海市工程建设规范《海绵城市建设技术标准》DG/TJ 08—2298，村庄的公共建筑场地建设可通过布置生态植草沟、下凹式绿地、雨水花园、绿色屋顶、地下蓄渗、透水路面等，降低对环境的冲击。

5 村庄民居注重改善夏季、过渡季室外的风环境，首先在朝向上宜尽量让房屋垂直夏季的主导风向，同时合理规划整个居住点的建筑群布局。

3.2.3 本条明确了色彩材质要求。

1 色彩选择应干净简洁,采用淡雅、明快的浅色调可以减少太阳辐射,慎用过于鲜艳和大面积过深的颜色,主要色彩控制在3种及以内,防止建筑外立面色彩过于杂乱。

3.3 空间构造

3.3.1 本条明确了建筑空间划分与构件要求。

1 村庄民居中仍将餐厨空间作为一个重要起居待客场所,村民生活习惯是将厨房、餐厅、客厅三个功能相结合,现代村庄民居也应该引起重视,活动较多的动区层高适当提高。

2 本市气候特点是夏季炎热、冬季寒冷,气候潮湿、降雨较多。传统民居建筑空间也呈现出适应该气候的特点,例如空间进深大,有利于隔热;设置小天井,有利于拔风的同时也加强了遮阳效果;民居中多设置半开敞的廊道、门厅等空间以避雨、防晒及乘凉,整治过程中可进行借鉴。本市村庄民居底层有时出于安全性考虑,外窗经常关闭,使得建筑底层的通风较上层稍差,对于进深超过10.0 m的房屋,需要加强通风廊道、通风井的设计。

3 本市现代村庄民居中,仍然以坡屋顶做法为多,顶部阁楼在夏季受太阳辐射影响,容易积聚热空气,形成闷热的环境,宜设置外窗进行自然通风。

4 通风井设置宜考虑室外通风口高出相邻屋面200 mm,需要设置防雨百叶,其上顶部檐口宜出挑600 mm;室内通风口宜设置开启或关闭控制。挑檐或阳台出挑等遮阳构件在6至9月份具有非常好的遮阳效果。遮阳构件设置宽度宜大于1.2 m;底层层高在3.6 m以上时,出挑阳台宽度宜大于1.5 m。窗口上方出挑挑板或挑檐形式的水平遮阳宜出挑0.6 m～0.9 m。

3.3.2 本条规定了围护结构热工性能要求。

1 本市建筑节能设计应注重围护结构的保温隔热性能。村庄围护结构节能设计所选用的材料与构造做法应保证其使用的安全性与耐久性，且注重材料的性价比，如保温砂浆是性价比较高且施工简便的保温隔热材料，隔热反射薄膜卷材、热反射涂料等反射绝热材料也十分适合村庄建筑。外墙自保温或复合保温体系能有效解决外墙开裂、渗水问题，可延长墙体结构寿命，且能降低建筑成本，同时具有维护费用低、安全可靠、外装饰可多样化等优点。部分节能适用技术可参考表 1。

表 1　村庄建筑适用节能技术

技术类别		技术名称
墙体节能技术	外墙外保温技术	水泥基保温砂浆外墙外保温系统
		隔热反射涂料
	内墙内保温技术	龙骨干挂内填矿物棉制品内保温系统
		用于内外组合保温系统内保温砂浆
	自保温墙体技术	蒸压加气混凝土砌块自保温系统
		模卡保温砌块
		夹心复合保温砌块
门窗节能技术	窗框节能技术	断热铝合金框
	玻璃节能技术	Low-E 玻璃
		中空玻璃
遮阳技术		阳台遮阳
		水平挑板遮阳
		遮阳卷帘窗
		绿色植物遮阳
自然通风技术		天井拔风
		通风竖井
		老虎窗通风
		架空地面通风防潮
屋面节能技术		种植绿化屋面技术
		浅色屋面技术

2 应符合现行国家标准《建筑外门窗气密、水密、抗风压性能分级及检测方法》GB/T 7106 的有关规定。注重建筑气密性设计,10 层以下建筑外窗的气密性不应低于 6 级,10 层及以上建筑外窗的气密性不应低于 7 级;透明幕墙气密性应符合现行国家标准《建筑幕墙》GB/T 21086 的规定,且不应低于 3 级。

3 村庄建筑地面宜在混凝土垫层上、整体面层下铺设防潮层,或在垫层下铺设卵石、碎石或粗砂;墙体与地面交接处铺设防潮层;可设置 300 mm 架空层,架空部位宜设置通风口,架空层楼板宜做保温处理。

3.3.3 本条明确了材料利用规定。

1 利废建材即"以废弃物为原料生产的建筑材料",是指在满足安全和使用性能的前提下,使用废弃物等作为原材料生产出的建筑材料,要求其中废弃物的掺量(重量比)不低于生产该建筑材料总量的 30%,且性能同时满足相应国家现行标准有关规定。废弃物主要包括建筑废弃物、工业废料和生活废弃物。本市村庄河塘较多,淤泥体量大,同时具有农作物秸秆等资源条件,提倡利废建材具有经济实用的特点。

2 土建工程与装修工程同时有序进行,在土建设计时考虑装修需求,事先预留孔洞避免重复开凿穿孔,减少了材料消耗与装修成本。公共建筑中以商业、餐饮、民宿等出租为主的建筑类型,需要对楼梯、电梯、卫生间、大厅、货运通道、车库等公共部位采用土建工程与装修工程一体化设计。

3 木结构、钢结构、预制装配式结构等建筑结构技术逐渐成熟,宜在村庄建筑中进行推广。

4 公共建筑的隔断考虑功能变换拆卸利用,推荐使用木隔断、玻璃隔断、预制隔断、可分段拆除的轻钢龙骨水泥板或者石膏板隔断。

3.4 功能配套

3.4.1 村庄的公共建筑主要为给村民提供服务的村庄公共服务设施,配置标准参考本市相关规范与文件。《上海市村庄规划编制和管理导则(试行)》(沪规土资详〔2014〕71 号)中明确的村级公共服务设施包括村委会、卫生室、文化活动室、为农综合服务站、体育健身点、综合服务用房,在已编制村庄规划的区域基本实现配置;本标准提出的公共服务设施要求进一步综合了《上海市郊区镇村公共服务设施配置导则(试行)》(沪规土资乡〔2015〕695 号)相关配置标准。

3.4.2 目前本市行政村均配备完善的“三室两点”,即村委会办公室、医疗室、老年活动室和便民点、健身点。由于各村的区位条件、村庄发展诉求、周边设施配置情况不一,村庄公共服务设施的建设和维护以镇村为主体,设施的配置宜根据村庄实际需求确定。

3.4.3 村庄公共建筑宜布置在村庄主要道路沿线或邻近公交站的位置,便于村民到达;鼓励公共建筑功能复合设置,建筑前形成公共活动空间,便于村民活动休憩。

在资源紧约束的发展背景下,应以存量建筑再利用为目标,鼓励闲置民居、厂房建筑等转化为公共建筑。

公共建筑服务范围一般宜为 1 000 m,应尽可能覆盖主要村民居住区域,其中医疗室、老年活动室服务范围应充分考虑老年人群步行能力,宜在 500 m 左右。

4 道路交通

4.1 一般规定

4.1.1 道路交通整治工程应遵循安全性、适宜性、耐久性和经济性的原则，结合本市村庄发展特点，整合现有相关规范、导则，完善本市村庄道路体系，方便村民生活和出行，有利于生产运输，提高村庄道路的质量和服务水平。

4.2 道路工程

4.2.1 整治应根据村庄实际情况，对已有的村庄道路，应优先考虑在原线位进行修复和改造，少拆房屋，节约用地，并注意保护历史文化遗存；新建道路应少占、不占耕地，尽量利用闲置土地，节约土地资源；不得随意毁林或填塘，尽量保持乡村自然生态环境与传统风貌。

4.2.2 村庄道路按照使用功能划分为四个层次，即村主路、村支路、宅间道路和慢行道。过宽的道路与乡村实际需求不匹配，且影响村庄整体的美感。

1 村主路路面宽度控制在 8.0 m 以内，路面宽度不宜小于 5.5 m。道路设计不仅应考虑满足交通需求，还应考虑利用道路进行景观风貌的特色展示。路面铺装应具有足够的强度和稳定性。

2 村支路路面宽度应能保障车辆单向通行的要求，路面宽度不宜小于 3.5 m。

3 宅间道路是直接通至各户出入口的道路，考虑私家车普及，需具备通车条件，并兼顾供非机动车及行人通行，综合考虑土地使用效率，路面宽度不宜大于 5.0 m。

4 慢行道主要是健身休闲及观光旅游使用，路面宽度不宜大于 3.0 m。慢行道应与建筑特点、周边环境充分结合，营造丰富的空间感受。铺装材料与自然景观相适宜。

4.2.3 本条规定了道路设计要求。

1 典型横断面考虑了村庄道路交通量较小且混合通行的交通特征，可结合实际情况进行选择。

2 相对于城市道路，村庄道路周边生态资源更加丰富，在村庄整治过程中应将道路施工引起的生态影响降至最低，并保持乡村原有特色。

在道路施工过程中，应遵循“回避”“缩小”“补偿”“增益”的原则，使道路与周边环境相协调。

回避指通过生态边坡防护，尽可能通过道路断面、形式、生态廊道等设计保护动植物生态多样性，减少水土流失，积极防治道路带来的声、光、气等污染。

缩小指因施工对原有地形地貌造成的改变应降到最低，以挖填最小与运距最小为原则，降低因道路施工对生态环境的影响。

补偿指尽可能增加绿带、蓝带面积，积极运用当地原生植被和建设材料，表土宜进行回填处理。

增益指应用多孔性透水结构材料构建道路雨水收集系统，如透水砖、彩色透水地坪等材料，满足路面雨水汇聚及循环利用要求；道路边坡可利用生态带构建柔性生态边坡。

4.4 交通设施

4.4.2 在村庄周围集中设置停车区域，鼓励公共停车位配建一定数量的充电设施。考虑乡村鼓励低碳环保，公共停车场的充电泊位配建比例参照《上海市电动汽车充电设施建设管理暂行规定》(沪交科〔2015〕553 号)及《上海市电动汽车充电基础设施专项规划(2016—2020 年)》较高标准配置，即不低于总停车位的 15％。

5 市政设施

5.1 一般规定

5.1.2 村庄整治工程的市政设施配套建设强调社会效益、环境效益和经济效益的协调统一，满足村民基本生活需求。村庄区位特征直接影响市政设施配套成本与效益，主城区配套成熟、新城和新市镇则聚集了相对集中的基础设施，临近村庄可以共享或依托促进城乡一体化。整治应考虑外围市政配套条件，体现低影响开发理念，严格执行节约用水相关要求，降低对市政供应和排放系统形成的调整压力。加大环境保护力度，推广节能设计，体现节能节地和绿色生态的要求。

5.1.4 基于村庄相关规划、现状条件、市政配套急迫程度、环境敏感度、经济承受力和村民意愿等多方面因素确定村庄市政设施建设计划。重视与农民生活相关的市政设施和环境治理设施，重点解决农村污水、环卫、消防等问题。近远结合，原则要求不产生废弃工程。

5.1.5 为节省投资，并便于日后运营维护，村庄市政管线宜沿道路敷设。村庄电网和信息基础设施建设要与示范村工程建设结合。村庄供电和通信线路宜以架空方式为主，各种线路应尽量同杆敷设，杆线应结合道路排列整齐，杜绝私拉乱接现象，避免过长冗余线圈，宜统一盘头位置。对村庄景观有特殊要求，且已落实架空线与电缆差价资金的村庄，可结合村庄道路工程同步实施电力电缆埋地敷设。在村主路地下管线综合平衡时宜预留电力通道管位，为将来村庄电力架空线入地预留管位条件。有条件实施通信架空线入地工程的村庄，应统一采用光纤入管到户

(FTTH)的接入方式。埋地管线的最小覆土深度可参考现行国家标准《城市工程管线综合规划规范》GB 50289 的有关规定。

5.2 给　水

5.2.1 根据本市集约化供水工作要求，村庄全部纳入城镇集约化供水系统。

5.2.2 供水设施建设标准应符合国家及地方建设标准，满足村庄所属给水系统的规划水量，按规划规模配置，设备可分期建设。水泵选型应满足水量、水压及其变化的要求，使水泵在高效区工作。不能满足水量、水质要求的水泵宜进行更换。不能适应水量、水质变化要求的水泵宜增设变频设施。

5.2.3 输配水管道的线路选择、设计流量、设计流速、管网系统布置、埋设要求等均参照现行行业标准《镇（乡）村给水工程技术规程》CJJ 123 执行。建立水质监测体系，提高维护管理水平，保障村庄供水安全。村庄供水设施要建立验收、跟踪调查和水质监测制度，保证整治效果。

5.2.4 本市村庄供水工程的常用管材有钢管、球墨铸铁管及 PE、钢丝网骨架塑料复合管等。供水管材的选用直接关系到能否安全、可靠地提供优质洁净的水，以满足村庄用水要求。因此，在具体工程实施前，应深入调查类似地区成功的工程实践经验，对管材作进一步的分析比较和优化选择。为保证村庄地区供水水质，跨越河道、铁路等特殊障碍物时，应采用安全可靠、维修养护方便的管材，结合地形变化设置排气阀和排水阀。村庄范围内的配水管网末梢或流速较小处应设置测压点及水质监测点。为有利于管网检漏，在村庄供水水源的进水管道上增设流量孔，以便进行流量测量。

5.2.5 本市村庄现状多为枝状管网供水，旧管网量大面广，管网材质较差，漏损率较高。为保障村庄供水安全，应逐步对管龄较长、材质较差、老旧易漏的管道进行改造。

5.3 污　水

5.3.1 分流制排放雨、污水，既将污水系统收集的污水纳入污水处理设施处理后排放，雨水就近排入河道。

5.3.2 本市农村生活污水收集处理水平有待进一步提高，对村庄及周边水体水质仍有较大影响。因此，应结合相关规划要求，优先推进水源保护区、生态环境敏感区，以及外来人口集中、生活污水处理矛盾突出的区域，结合村庄改造、经济薄弱村帮扶等工作，实现农村生活污水处理全收集、全处理的目标。

5.3.3 村民生活观念、用水习惯、外来人口导入均影响村庄生活污水水质。村庄生活污水的水质宜以实测值为基础分析确定。无实测资料时，按表 2 的规定确定。

表 2　农村生活污水设计浓度

指标名称	COD	BOD	NH_3-N	TP
设计参考值(mg/L)	300	150	30	5～7

参照现行上海市地方标准《农村生活污水处理设施水污染物排放标准》DB31/T 1163 的有关规定，本市村庄污水处理标准执行表 3 中一级 A 标准和一级 B 标准，适用于规模小于 300 m^3/d 的农村生活污水处理设施。

表 3　农村生活污水处理设施水污染物排放标准

控制指标	标准限值(mg/L)	
	Ⅲ类及以上水质控制区	其他地区
	(一级 A)	(一级 B)
pH(无量纲)	6～9	6～9
化学需氧量(COD_{cr})	50	60
悬浮物(SS)	10	20

续表3

控制指标	标准限值(mg/L)	
	Ⅲ类及以上水质控制区	其他地区
	(一级A)	(一级B)
氨氮(NH_3-N)	8	15
总氮(以N计)	15	25
总磷(以P计)	1	2
阴离子表面活性剂(LAS)*	0.5	1.0
动植物油*	1	3

注：*仅针对含乡村旅游污水的处理设施。

应参照现行国家标准《城镇污水处理厂污染物排放标准》GB 18918，结合《上海市污水处理系统及污泥处理处置规划(2017—2035年)》，处理规模不小于300 m^3/d的处理设施执行不低于一级A的排放标准。

5.3.4 本条明确了污水处理模式。与城镇污水集中处理不同，村庄生活污水具有点多分散、量小、变化系数大等特点。根据本市村庄布局、人口规模、集聚程度、地形地貌等特点，结合村庄道路、河网水系、受纳水体等现状，合理选取适应当地实际的污水处理模式，优先推荐纳入城镇污水处理系统；无条件外排的，考虑就地处理。污水处理模式的选择应因地制宜，确保经济合理、安全有效。

5.3.5 就地处理工艺选择基于受纳水体水环境容量，力求处理效果稳定可靠、运行维护简便，做到保护环境、节约土地、经济合理、安全可靠。借鉴国内外村庄生活污水主流处理工艺，结合本市村庄生活污水已有的工程实践，兼顾进水水质特点和出水水质要求，结合地区可利用的土地资源、技术经济实力等实际情况，选取适应村庄实际的污水处理工艺。对现状运行状况不佳、处理标准不达标的村庄生活污水处理设施进行升级改造。

5.3.7 对农村生活污水处理系统的水泵运转及调节池水位变化、

水质情况等进行实时监控。

5.3.8 本条明确了污水处理设施的标识，目的是为了村民人身安全及设施设备正常运行。

5.3.9 污水管道的材质、管径、覆土厚度、坡度与检查井最大间距等设计参数参照现行行业标准《镇（乡）村排水工程技术规程》CJJ 124执行。

5.4 雨 水

5.4.1 本市村庄河网密度较大，适宜采用缓冲自流排水模式。雨水分散收集，多头就近自流排入河道。

5.4.2 充分利用现有的自然条件，采用多种形式合理有效地组织村庄地面雨水排水，便于雨水及时就近排入附近水体。

5.4.4 鼓励于屋檐口设置排水立管，回收屋面雨水供村居杂用。初期雨水弃除后收集的雨水可用于家庭清洁、绿地浇洒和农田灌溉等。

5.5 电 力

5.5.2 影响村民电力需求的主要因素有人均收入、燃料价格、电价、家庭人口规模、家电价格、城镇化水平、平均气温等。村庄供配电方案应按“安全、可靠、经济、运行灵活、便于管理”的原则综合确定。根据村庄规模确定用电指标，预测用电负荷和分布，合理确定供电设施的位置与规模。完善本市村庄电力供应网架结构（含变电站落点、电压等级、线路布局和接线方式等），实现配电线路的环网结构，满足“N－1”要求，提高电网互联水平。

5.5.3 本条是村庄变电站（所）的选址要求。出于实用、节能的目的，优化配电线路和配电设备，根据村庄居住形态的特点，按照“接近用电负荷、小容量、短半径”的原则，合理配置配电变压器，保障高水平的供电可靠率、电压合格率。村庄变电站(所)应采用双回电源进线,双主变运行,减少配电线路供电半径,提高村庄供电可靠性。

5.6 通 信

5.6.1 本条为村庄信息基础设施设置目的。村庄信息基础设施主要指通信机房、移动通信基站、通信管道等。

5.6.2 本条为村庄信息基础设施设置原则。村庄信息基础设施不但要满足各电信运营企业及有线电视网络接入需求,还需兼顾监控等乡村管理所需的传输接入需求。

5.7 燃 气

5.7.1 支持多种方式、多种主体向本市村庄供气,包括管道天然气、液化天然气(LNG)、液化石油气(LPG)、压缩天然气(CNG)等。应遵循国家及本市的能源政策,并在规划指导下建设村庄整治的燃气供应工程。

5.7.3 村庄地区有管道和点供两种燃气供应方式。管道气输送至调压计量箱后给村庄供气。点供方式是由气化站或瓶组站向村庄供气,具有投资较省、建设周期短、占地面积小,工艺简单等特点。点供方式适用于有一定气价承受能力的村庄,能承担通过车辆转输的成本,可作为管道气到达前的过渡气源。

5.7.6 村庄调压站或气化站供气有保障是根本需求,不仅要技术可行,还要经济合理、安全可靠,并满足环保、防火要求。气化站的气源主要靠车载运输,交通条件尤为重要。因管网投资会随半径扩大而增加,需根据调压站或气化站位置合理安排输配气管道。为保证放散气体迅速排除,需要选址在通风良好的区域。

5.7.8 完善的燃气供应服务体系既包括稳定的气源和供应,也包括及时、全面的应急和服务。考虑到部分村庄距离管网成熟区域较远，应当结合配套服务标准，统筹合理配置急抢修和营业服务站点。

5.7.9 村庄供气管网含燃气管道、管件及附属管道设备等，参照现行国家标准《城镇燃气技术规范》GB 50494 有关规定执行。村庄输气管宜沿村庄道路埋地敷设。村庄配气管以埋地敷设为主。燃气管道通过河流时，可采用穿越河底或采用管桥跨越的形式。如条件许可，可利用道路桥梁跨越河流。当利用桥梁或采用管桥跨越河流时，必须采取安全防护措施。利用道路桥梁跨越河流时，其管道的输送压力不应大于 0.4 MPa。

5.8 环 卫

5.8.2 本条为村庄环卫整治工程的建设要求。改变村庄垃圾处理的无序状态，有计划地将其纳入城乡环境卫生管理体系，合理配置村庄生活垃圾收运设施，实现村庄环境卫生面貌改善。

5.8.3 本条为村庄环卫整治工程的垃圾分类要求。村庄生活垃圾收集运输的最大问题是由于垃圾量少而分散，造成收运处理体系建设和运营成本高。垃圾分类可相对减少成本且提高处理安全性。本市村庄应提倡将有机垃圾分出分散就地堆肥农用，其他垃圾集中收运处理。

5.8.4 本条为村庄垃圾收集点的设置要求。应根据村庄布局，结合实际情况设置垃圾收集点。

5.8.5 本市村庄地区的粪便基本采用三格化粪池收集，上清液进入污水管网直接纳管，粪渣清掏后一部分进入污水处理厂处理，一部分运到农村作为肥料还田。村庄地区粪便处理因受制于村庄生活污水处理设施建设，村庄粪便无害化在一定时期内仍是需要重点关注的建设内容之一。

5.8.6 结合《上海市郊区镇村公共服务设施配置导则（试行）》（沪

规土资乡〔2015〕695 号)，公共厕所宜结合村庄公共设施布局合理配建。参照现行行业标准《城市公共厕所设计标准》CJJ 14 的有关规定执行。

5.9 消 防

5.9.2 本条为村庄消防设施建设的基本原则。村庄整治工程中，重视消防安全布局、消防站、消防供水、消防通信、消防通道、消防设备、建筑防火等方面的综合整治。

5.9.3 本条为村庄消防设施改造基本要求。结合村庄整治工程，在实施供水设施、道路、电网等建设改造中，应将消防水源、消防通道和消防通信等村庄公共消防设施纳入整治。

5.9.4 充分重视村庄消防水源建设工作。充分利用天然水体作为消防水源。充分利用现状条件，逐步完善村庄必要的消防设施。

5.9.5 本条为村庄消防设施设备的建设要求。鼓励村庄微型消防站建设，提高便携式灭火器普及率。

5.10 防灾与避难

5.10.4 村庄整治工程应满足所在区域对河湖水面率的控制要求。为保障村庄防洪安全，实现水利控制片内圩区达标，尽早实施相关的水利泵闸工程及河道新开、疏拓及整治工程。

6 坑塘河道

6.1 一般规定

6.1.1 参照现行国家标准《村庄整治技术标准》GB/T 50445，坑塘整治对象包括村庄内部与村民生产生活直接密切关联，有一定蓄水容量的“低地、湿地、洼地”等，河道整治对象主要指流经村内的自然河道和各类人工开挖的沟渠。

6.2 水环境治理

6.2.1 当前水环境治理工程施工主要应对农田灌溉和农田排水带来的污染提出解决方案。河道设计尚无较好的水质净化工程可供推广，一方面由于农村地区水体污染来源较广且不宜控制，另一方面农村水体量较大，全区域整治资金和监管压力较大，单片整治容易受其他水系污染。因此，村庄水环境治理应首先从源头控制污染。

6.2.2 本条针对农村生活污水。应符合本标准第 5.3 节的有关规定，逐步实现全覆盖处理，经处理后排入河道的废水应符合现行上海市地方标准《农村生活污水处理设施水污染物排放标准》DB31/T 1163 和相关行业标准的规定。农田灌溉水源、渍水排放、回归水收集利用不适用本标准，应符合现行上海市地方标准《土地整治工程建设规范》DB31/T 1056 的有关规定。

6.2.5 生态净化应优先选用具有自然净化能力的水生植物。水生植物群落应优先选用净化能力强、易于养护的乡土物种，根据河湖驳岸结构形式、水文水质、周边环境等要素，构建以沉水植物、浮叶植物和挺水植物组成的水生植物群落。不宜选择扩散能力强的大藻、凤眼莲等漂浮植物，并防止外来生物入侵，破坏生态安全。适合本土的常见水生植物主要有芦苇、香蒲、灯心草、菖蒲、莎草、水花生和田边草等。曝气富氧技术主要是利用曝气设备向水体中充入空气或纯氧，提高水体中含氧量，为好氧微生物代谢提供所必需的溶解氧，同时抑制厌氧微生物的厌氧分解，恢复水体的自净能力达到净化水质的目的。生态浮床技术是利用可漂浮在水面上的生态浮板作为载体，将具有净水能力的水生植物移栽到生态浮板上，通过植物根系的吸收、吸附和截留作用，以及微生物的生化降解作用，削减富营养化水体中的氮、磷及有机物质，从而达到净化水质的目的。

6.3 水系沟通

6.3.1 河道两岸有部分建筑物靠近河岸临水而建，河道疏浚、驳岸治理等工程容易引起地基下沉，带来安全隐患。在开挖疏浚过程中，应通过实地调查河道水质、水量、断面、护岸结构型式、两岸构筑物、底泥等情况，并给出适当的评价，制定出合理的适合村庄地区的底泥疏浚方案。在施工过程中应加强安全防护方面的工程要求，确保两岸建筑物的安全。

河道疏浚工程应参照现行国家标准《河道整治设计规范》GB 50707、《堤防工程设计规范》GB 50286 的相关规定。疏浚工程设计应遵循河道演变规律，做到因势利导，并应与堤防加固、河槽整治、通航、输水、吹填造地、环境保护等相结合。疏浚工程设计前应复核现状河道的过流能力。技术条件复杂的河道整治或重点工程应通过河工模型试验验证。

6.3.2 河底高程参数参照《上海市河道生态整治实施导则》及现行国家标准《河道整治设计规范》GB 50707 的相关规定。

6.3.3，6.3.4 明确了水系沟通的措施。河道水系多是天然或多年形成的，是稳定生态系统的重要组成部分。村庄水系整治应因形就势，拓宽部分过窄或存在卡口的河段，增加各级河道的连通性，提升水动力，改善水环境，尽量保持良好自然的水体生态环境。

6.3.5 疏浚底泥的消纳利用应符合《关于规范中小河道整治疏浚底泥消纳处置的指导意见》（沪水务〔2018〕1109 号）的相关要求。受污染的塘泥不能直接用于河道护坡或直接堆放在水边，避免因雨水冲刷等原因流入水体，影响水质；未受污染的塘泥富含氮、磷、钾等元素，可通过堆肥处理后作为有机肥料。

6.4 岸坡护岸

6.4.2 植物护坡的建设应符合现行上海市地方标准《土地整治工程建设规范》DB31/T 1056 和现行上海市工程建设规范《生态公益林建设技术规程》DG/TJ 08—2058 的相关规定。常用植树护坡树种有枫杨、垂柳、池杉等，常用种草护坡草种有高羊茅、狗牙根、马唐、多年生黑麦草、白三叶、苜蓿、弯月画眉草、结缕草、假俭草等。种草护坡工程适用于坡比小于 1∶1.5，土层较薄的沙质或土质坡面。草种要求选择抗逆性强，地上部矮，根系发达，生长迅速的多年生草种。

6.6 配套工程

6.6.1 穿河构筑物主要是供水、排水、燃气等市政管线，其设置应符合《上海市跨、穿、沿河构筑物河道管理技术规定（试行）》（沪水务〔2007〕365 号）的相关要求。

6.6.3 沿河构筑物的设置应满足《上海市跨、穿、沿河构筑物河道管理技术规定（试行）》（沪水务〔2007〕365 号）的相关要求。在河道两侧的绿化空间内建设蜿蜒且具有漫步、跑步、骑行功能的慢行系统，在河道转弯处、视野开阔处等重要节点设置合理规模的滨水开放空间，形成小型广场、亲水平台等，突出其休闲、游憩、观景功能，亲水平台应注重与周边景观的相互融合，鼓励采用轻巧通透的自然材质。

7 公共环境

7.1 一般规定

7.1.1 村庄独特的环境要求村庄绿化应明显区别于城镇绿地，要更加体现乡土特色。

7.1.2 为体现地域特色建议以镇为单位通过公众参与确定一种主要的乡土观花观叶型乔灌木，作为绿化主要树种配置。花草宜以本地野花为主，有利于种植和存活，如蒲公英、黄鹌菜、鼠麴草等。

7.2 村庄绿化

7.2.1 本条规定了村庄绿化的类型。村旁绿化是村庄内部或周边向公众开放，以游憩、健身为主要功能，兼具生态、景观、防灾等作用的绿地，宜结合村委会等公共设施（推荐老年活动室）设置。宅旁绿化是住宅房前屋后以及庭院的绿化。路旁绿化是穿越村庄的道路两侧的沿线绿化。水旁绿化是穿越村庄的河流水系两岸以及村庄内部坑塘水面周边的绿化。场院绿化是村委会、活动室、医疗室等公共建筑、公共广场及停车场内部绿化。

7.2.4 村民一般会在宅前屋后种植部分蔬菜，针叶乔木的落叶会造成多种不便，因此宅旁绿化树种不宜采用针叶乔木。屋前小型乔灌木建议采用橘树、柿树、桃树、桂花等；屋后中大型乔木建议采用香樟、榉树等。

7.2.6 鼓励土地复合利用，在不影响河道防汛功能的情况下，在常水位以上种植乔木。

7.3 公共活动场所

7.3.1 公共活动场所多依附于其他功能存在，例如宗祠堂、戏台或村中大树的周边空地会自然形成集散地，兼具公共广场作用；公共建筑如活动室、文化站等周边可设置公共广场。

7.4 街 巷

7.4.2 传统街巷节点是村民邻里交往的天然场所，例如文化活动中心、祠堂寺庙、广场。街巷内的水埠、特色植物景观和一些构筑物等，是村落区别于城镇的重要特色，也是村落之间区别的重要特征。

7.4.3 村庄街巷铺装宜使用乡土材料，如石板面、卵石、弹石、青砖或细砂等，加强村庄道路的乡土性和生态性，且节省造价；宜保留和修复原有的石板路、青砖路等传统街巷道，避免直接使用水泥覆盖原有路面层。

8 文化保护

8.1 一般规定

8.1.1，8.1.2 分别规定了文化保护的内容和工作。

根据《中华人民共和国文物保护法》和《上海市文物保护条例》相关要求，登记不可移动文物及各级文物保护单位，开展保护范围拟定、文物保护、定期评估等工作。

根据《上海市历史风貌区和优秀历史建筑保护条例》，历史风貌区包括历史文化风貌区、历史保护街坊、风貌保护道路、风貌保护河道；优秀历史建筑应设立保护专项资金，设立标志，明确保护与建设控制范围，根据实际情况界定不可改变的部分并相应开展保护工作。

根据《上海市古树名木和古树后续资源保护条例》规定，认定古树名木等级并进行备案，禁止砍伐、破坏古树名木，禁止影响古树名木生长的行为，开展养护、复状等保护工作。

村庄非物质文化遗产包括传统口头文学，传统美术、书法等艺术，传统技艺等形式，反映村庄历史人文习俗、生活及生产方式。认定为非物质文化遗产的传统文化表现形式及相关实物和场所，按《中华人民共和国非物质文化遗产法》和《上海市非物质文化遗产保护条例》相关要求，应相应开展保存、利用、传承、传播等保护活动及相关管理工作。

历史文化保护工作可对各类历史文化遗产调查建档，包括文字、影像图片、必要图纸。对历史变迁、遗产概况、地理位置、规模、保存状况和破坏情况进行记录并录入电子档案。历史文化保护范围的划定，应遵循《城市紫线管理办法》相关规定执行。